essentials

Essentials liefern aktuelles Wissen in konzentrierter Form. Die Essenz dessen, worauf es als „State-of-the-Art" in der gegenwärtigen Fachdiskussion oder in der Praxis ankommt. Essentials informieren schnell, unkompliziert und verständlich.

- als Einführung in ein aktuelles Thema aus Ihrem Fachgebiet
- als Einstieg in ein für Sie noch unbekanntes Themenfeld
- als Einblick, um zum Thema mitreden zu können.

Die Bücher in elektronischer und gedruckter Form bringen das Expertenwissen von Springer-Fachautoren kompakt zur Darstellung. Sie sind besonders für die Nutzung als eBook auf Tablet-PCs, eBook-Readern und Smartphones geeignet.

Essentials: Wissensbausteine aus Wirtschaft und Gesellschaft, Medizin, Psychologie und Gesundheitsberufen, Technik und Naturwissenschaften. Von renommierten Autoren der Verlagsmarken Springer Gabler, Springer VS, Springer Medizin, Springer Spektrum, Springer Vieweg und Springer Psychologie.

Ekbert Hering

Investitions- und Wirtschaftlichkeitsrechnung für Ingenieure

Prof. Dr. mult. Dr. h.c. Ekbert Hering
Hochschule für angewandte
Wissenschaften Aalen
Deutschland

ISSN 2197-6708 ISSN 2197-6716 (electronic)
ISBN 978-3-658-07254-4 ISBN 978-3-658-07255-1 (eBook)
DOI 10.1007/978-3-658-07255-1

Die Deutsche Nationalbibliothek verzeichnet diese Publikation in der Deutschen Nationalbibliografie; detaillierte bibliografische Daten sind im Internet über http://dnb.d-nb.de abrufbar.

Springer Vieweg
© Springer Fachmedien Wiesbaden 2014

Springer Vieweg ist eine Marke von Springer DE. Springer DE ist Teil der Fachverlagsgruppe Springer Science+Business Media
www.springer-vieweg.de

Was Sie in diesem Essential finden können

- Bewertung von Investitionsalternativen mit statischen Verfahren des Kosten- und Gewinnvergleichs sowie eines Rentabilitätsvergleichs.
- Bewertung der Risiken von Investitionsalternativen durch eine Amortisationsrechnung.
- Bewertung von Investitionsalternativen durch dynamische Verfahren unter Berücksichtigung der Kapitalströme und deren Verzinsung.

Vorwort

Dieses Werk basiert auf dem „Handbuch Betriebswirtschaft für Ingenieure" von Ekbert Hering und Walter Draeger, 3. Auflage 2000. Dieses Werk hat sich einen hervorragenden Platz als Lehrbuch für Studierende, insbesondere der Ingenieurwissenschaften, und als Standard-Nachschlagewerk für Ingenieure in der Praxis geschaffen. Die Vorteile sind die *große Praxisnähe* (das Werk wurde von Praktikern für Praktiker geschrieben), die Präsentation der *ganzen Breite des Managementwissens,* die vielen Beispiele, welche die sofortige Umsetzung in den betrieblichen Alltag ermöglichen sowie die umfangreichen Grafiken, welche die Zusammenhänge veranschaulichen. Das Kapitel über Investions- und Wirtschaftlichkeitsrechnung wurde dahingehend erweitert, dass ausführliche Rechenbeispiele eingefügt wurden, mit denen die Zusammenhänge klar werden. Zusätzliche Grafiken zeigen anschaulich und verständlich die Methoden und Anwendungen. Diese klaren Strukturierungen ermöglichen es dem Leser, seine Probleme in der Praxis sofort lösen zu können.

Inhaltsverzeichnis

Einleitung

1

Unter Investition versteht man die Beschaffung von Gegenständen oder den Aufbau von immateriellen Werten, die nach Abb. 1.1 folgendermaßen gegliedert werden können:

- Produktionsinvestition
  (Boden, Maschinen und Anlagen und Vorräte);
- Finanzinvestition
  (Beteiligungen, Wertpapiere, Forderungen);
- Immaterielle Investition
  (Forschung und Entwicklung, Umweltschutz, Sicherheit, Aus- und Weiterbildung, Sozialleistungen, Marketing-Maßnahmen).

Neue technische Anlagen und Maschinen sind in der Regel technisch wesentlich besser. Deshalb tätigt man nicht nur eine Ersatz-Investition (*Reinvestition*), sondern eine *Erweiterungs-Investition*. Denn mit dieser Maschine kann man in größeren oder auch in kleineren Stückzahlen flexibler, kostengünstiger und mit höherem Sicherheits- und Qualitätsstandard fertigen.

Meist ist die Beschaffung dieser Betriebsmittel sehr teuer, so dass eine Fehlentscheidung unbedingt zu vermeiden ist. Nach folgenden Beurteilungen sichert man sich ab:

- Wirtschaftlichkeit
  Die einzelnen Alternativen werden hinsichtlich ihrer Kosten, Deckungsbeiträge und Gewinne (pro Zeitabschnitt oder pro Stück) verglichen.

© Springer Fachmedien Wiesbaden 2014
E. Hering, *Investitions- und Wirtschaftlichkeitsrechnung für Ingenieure*, essentials,
DOI 10.1007/978-3-658-07255-1_1

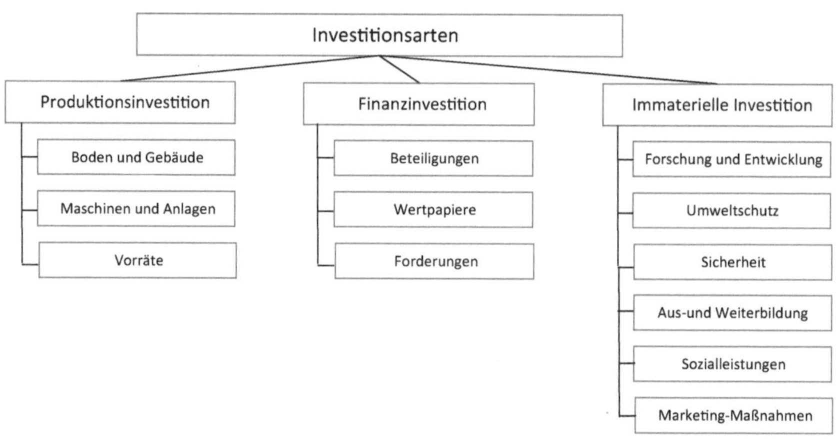

Abb. 1.1 Übersicht über die Investitionsarten (eigene Darstellung)

- Risiko
  Je schneller das eingesetzte Kapital ins Unternehmen zurückfließt (d. h. je kleiner die Amortisationsdauer), umso geringer ist das Risiko.
- Rentabilität
  Das eingesetzte Kapital muss nicht nur ins Unternehmen zurückfließen, sondern auch verzinst werden.
- Liquidität
  Je nach Finanzierungsmodell (z. B. Leasing oder Bankkredit) wird der Liquiditätsspielraum des Unternehmens verändert.
- Sonstige Kriterien
  Zur Beurteilung von Investitionen können auch soziale, ethische oder andere Wertvorstellungen herangezogen werden.

Abbildung 1.2 zeigt eine Übersicht über die Verfahren der Investitionsrechnung. Man unterscheidet zwischen *statischen* und *dynamischen* Verfahren. Bei den *dynamischen* Verfahren wird das eingesetzte *Kapital verzinst*, während bei den *statischen* Verfahren eine Verzinsung nicht berücksichtigt wird. Die beiden Methoden des Kosten- und Gewinnvergleichs gehören zu den *Wirtschaftlichkeitsrechnungen*.

An einem Beispiel für die Entwicklung von NC-Kopplungssoftware für CNC-Fräsmaschinen werden die Verfahren erläutert.

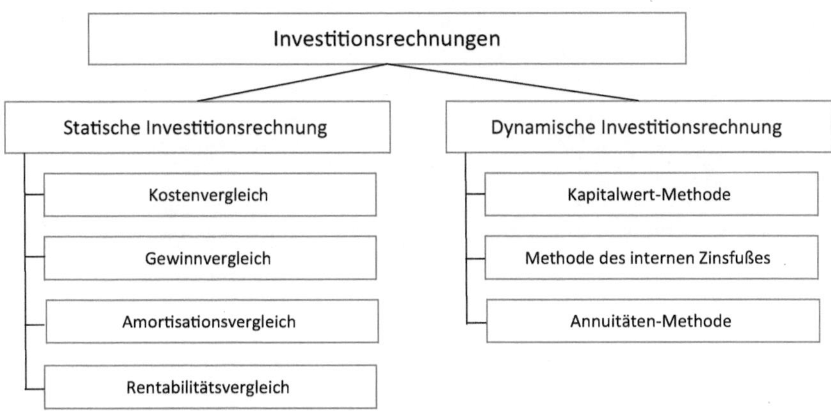

Abb. 1.2 Überrsicht über die Verfahren der Investitionsrechnung (eigene Darstellung)

Statische Verfahren

2.1 Kostenvergleichsrechnung

Die verschiedenen Investitionsalternativen werden durch Gegenüberstellung ihrer *wesentlichen Kosten* beurteilt. Dazu gehören:

- Anschaffungswert
- Kapitalkosten
    - Abschreibungen
    - Zinsen
- Fixkosten
    - fixe Personalkosten
    - Rüstkosten
- Variable Kosten
    - Materialkosten
    - Fertigungslohnkosten
    - Werkzeugkosten
    - Energie-, Strom- und Wasserkosten
    - Wartungskosten

Die Kosten können je Zeitabschnitt oder je Ausbringungsmenge (Stückzahl) betrachtet werden.

Tabelle 2.1 zeigt die Kostenvergleichsrechnung für Entwicklung von NC-Kopplungssoftware für drei verschiedene NC-Maschinen.

© Springer Fachmedien Wiesbaden 2014
E. Hering, *Investitions- und Wirtschaftlichkeitsrechnung für Ingenieure*, essentials,
DOI 10.1007/978-3-658-07255-1_2

Tab. 2.1 Kostenvergleichsrechnung je Zeitabschnitt für drei Alternativen (eigene Darstellung)

Kosten	Anlage 1	Anlage 2	Anlage 3
Anschaffungswert	560.000	300.000	220.000
Lebensdauer	10	8	5
Abschreibungen	56.000	37.500	44.000
Zinsen (10 % auf 1/2 Anschaffungswert)	28.000	15.000	11.000
Kaptialkosten	*84.000*	*52.500*	*55.000*
Programmieraufwand (Stunden)	200.000	300.000	300.000
Rüstkosten	10.000	15.000	18.000
Summe Fixkosten	*210.000*	*315.000*	*318.000*
Material- und Hardwarekosten	15.000	12.000	11.000
Fremdkosten für Dienstleistungen	20.000	25.000	30.000
Update-Kosten	28.000	24.000	13.200
Summe Variable Kosten	*63.000*	*61.000*	*54.200*
Summe Gesamtkosten	*357.000*	*428.500*	*427.200*

Die Maschine 1 ist in der Anschaffung am teuersten (560.000,- €). Auch die Kapitalkosten sind, wenn auch geringfügig, höher als bei den zwei anderen Maschinen. Die größten Kostenvorteile dieser Maschine liegen in der längeren Laufzeit und vor allem in dem komfortablen Programmierinterface. Dadurch ist der Programmieraufwand um ein Drittel geringer als bei den beiden anderen Maschinen (er beträgt 200.000,- € statt 300.000,- €). Die variablen Kosten sind in diesem Falle die Material- und Hardwarekosten, die Fremdkosten für Dienstleistungen und die Update-Kosten. Diese variablen Kosten weichen bei allen drei Maschinen nicht wesentlich voneinander ab. Wie die Auswertung nach Tab. 2.1 zeigt, weist die Maschine 1 die geringsten Gesamtkosten je Zeitabschnitt auf und ist somit die beste Alternative.

In Tab. 2.2 ist der Kostenvergleich je Mengeneinheit in Euro/Stück für die einzelnen Maschinen zu sehen. Bei dieser Rechnung wird noch deutlicher, dass die leistungsfähigere Maschine 1 mit Abstand die kostengünstigste Alternative darstellt.

2.2 Gewinnvergleichsrechnung

Werden außer den Kosten die Umsätze in den Zeitabschnitten oder die erzielbaren Marktpreise pro Stück berücksichtigt, dann kann man die Gewinne der verschiedenen Alternativen vergleichen. Im vorliegenden Fall soll die Software für die verschiedenen Maschinen verkauft werden. Deshalb werden außer den Kosten für die

Tab. 2.2 Kostenvergleichsrechnung je Stück für drei Alternativen (eigene Darstellung)

Kostenvergleich je Stück in Euro

Kosten	Maschine 1	Maschine 2	Maschine 3
Anschaffungswert	560.000	300.000	220.000
Lebensdauer	10	8	5
Stückzahl pro Jahr	120.000	100.000	80.000
Abschreibungen	0,47	0,38	0,55
Zinsen (10 % auf 1/2 Anschaffungswert)	0,23	0,15	0,14
Kaptialkosten je Stück	*0,70*	*0,53*	*0,69*
Programmieraufwand (Stunden)	1,67	3,00	3,75
Rüstkosten	0,08	0,15	0,23
Summe Fixkosten je Stück	*1,75*	*3,15*	*3,98*
Material- und Hardwarekosten	0,13	0,12	0,14
Fremdkosten für Dienstleistungen	0,17	0,25	0,38
Update-Kosten	0,23	0,24	0,17
Summe Variable Kosten je Stück	*0,53*	*0,61*	*0,68*
Summe Gesamtkosten je Stück	*2,98*	*4,29*	*5,34*

Erstellung der NC-Koppelungssoftware auch die Umsätze der unterschiedlichen Softwarepakete möglichst realistisch eingeschätzt. Dann ergibt sich die Gewinnvergleichsrechnung nach Tab. 2.3.

Aus Tab. 2.3 ist deutlich zu erkennen, dass die NC-Kopplungssoftware für die Maschine 1 wahrscheinlich zunächst zu Verlusten führen wird. Die Softwareentwicklung für diese Maschine ist zwar sehr kostengünstig durchzuführen, und auch der Preis für die Software ist relativ niedrig. Diese sehr teure Maschine ist aber neu auf dem Markt und relativ teuer. Deshalb ist sie nicht so häufig in der Praxis eingesetzt, weswegen auch nur wenige Softwarepakete verkauft werden können. Für die Maschinen zwei und drei sind Gewinne zu erwarten, weil der Softwarepreis hoch und die verkaufte Stückzahl größer ist. Trotzdem ist zu überlegen, die Software auf der Maschine 1 zu entwickeln, weil die Wachstumschancen für diese innovative Maschine wesentlich höher eingeschätzt werden kann, so dass sie höhere Wachstumschancen hat als die bereits etablierten Maschinen 2 und 3. An diesem Beispiel wird klar, dass Investitionsentscheidungen nicht nur nach den Ergebnissen der Investitionsrechnungen gefällt werden dürfen, sondern dass hierbei auch eine *strategische*, in die Zukunft gerichtete *Unternehmenspolitik* berücksichtigt werden muss.

Im praktischen Einsatz hat die Gewinnvergleichsrechnung den Nachteil, dass man den Gewinn bzw. den Umsatz (d. h. Stückzahlen und Marktpreise) schätzen muss, weil dazu keine verlässliche Daten vorliegen können.

Tab. 2.3 Gewinnvergleichsrechnung für drei Alternativen (eigene Darstellung)

Kosten	Maschine 1	Maschine 2	Maschine 3
Anschaffungswert	560.000	300.000	220.000
Lebensdauer	10	8	5
Abschreibungen	56.000	37.500	44.000
Zinsen (10 % auf 1/2 Anschaffungswert)	28.000	15.000	11.000
Kaptialkosten	*84.000*	*52.500*	*55.000*
Programmieraufwand (Mannstunden)	200.000	300.000	300.000
Rüstkosten	10.000	15.000	18.000
Summe Fixkosten	*210.000*	*315.000*	*318.000*
Material- und Hardwarekosten	15.000	12.000	11.000
Fremdkosten für Dienstleistungen	20.000	25.000	30.000
Update-Kosten	28.000	24.000	13.200
Summe Variable Kosten	*63.000*	*61.000*	*54.200*
Summe Gesamtkosten	*357.000*	*428.500*	*427.200*
Marktpreis der NC-Kopplungssoftware	18.000	22.000	25.000
Schätzung der verkauften Stückzahl	15	25	25
Umsatz	*270.000*	*550.000*	*625.000*
Gewinn	*−87.000*	*121.500*	*197.800*

2.3   Amortisationsrechnung

Die Vorteile von Investitionen werden nach ihrer *Amortisationsdauer* gemessen. Darunter versteht man die Zeit, in der das Kapital für die Investition wieder in die Unternehmung zurückgeflossen ist. Die Amortisationsdauer ist damit eine Kennzahl für das *Risiko*. Es gilt:

▶   Je kürzer die Amortisationszeit, desto geringer ist das Risiko.

Dies ist vor allem für Software wichtig, da in der Regel laufende Verbesserungen (Updates) zu erwarten sind. Bevor ein Update an die Kunden gegeben wird, muss das Kapital für die vorherige Version verdient worden sein.

Die Amortisationsdauer wird nach folgender Formel berechnet:

$$Amortisationsdauer = \frac{Kapitaleinsatz - \mathrm{Re}\,stwert}{durchschnittlicher\ R\ddot{u}ckfluss}.$$

Der durchschnittliche Rückfluss ist die Differenz aus Umsatz und Kosten zuzüglich den Abschreibungen:

$$durchschnittlicher\ R\ddot{u}ckfluss = Umsatz - Kosten + Abschreibungen.$$

Die Abschreibungen müssen hinzugezählt werden, weil mit ihnen bereits ein Teil des Kapitals angespart wird, das zur Erneuerung der Anlage dient. Es muss darauf hingewiesen werden, dass die Abschreibungen von Unternehmen häufig nicht nur gezielt Investionen zufließen, sondern auch zu anderen Zwecken verwendet werden.

In Tab. 2.4 ist die Berechnung der Amortisationsdauer für die Entwicklung der Kopplungssoftware für NC-Maschinen zusammengestellt. Daraus ist erkennbar, dass sich die Software für die Maschine 3 bereits in 0,65 Jahren (etwa in 8 Monaten) amortisiert. Die Software für die Maschine 1 hat eine doppelt so lange Amortisationsdauer, d. h. das Entwicklungsrisiko ist auch etwa doppelt so groß. Trotzdem ist auch hier zu bedenken, dass bei der neuen Maschine 1 in einen zukünftig wachsenden Markt investiert wird und es sein kann, dass die Maschinen 2 und 3 nicht mehr lange auf dem Markt sind.

2.4 Rentabilitätsrechnung

Werden die Überschüsse nicht absolut errechnet, sondern im Verhältnis zum durchschnittlich eingesetzten Kapital betrachtet, dann ergeben sich *Rentabilitätsbetrachtungen*. Die Gesamtkapital-Rentabilität (Rendite oder ROI: Return on investment) ist folgendermaßen definiert:

$$\mathrm{Re}\,ntabilität = \frac{Gewinn}{eingesetztes\ Kapital} * 100.$$

Die Bestandteile des ROIs werden ausführlich im Springer Essential „Controlling für Ingenieure" besprochen und grafisch dargestellt.

Im Falle der Investitionsrechnung ist das eingesetzte Kapital gleich den Kosten für den Kauf des Investitionsgutes. Im vorliegenden Beispiel wird aus den Zahlen der Gewinnvergleichsrechnung nach Tab. 2.3 die Rentabilität entsprechend den Zusammenhängen nach Abb. 3.13 im Springer Essential „Controlling für Ingenieure" errechnet:

$$\mathrm{Re}\,ntabilität = \frac{Gewinn}{Umsatz} * \frac{Umsatz}{eingesetztes\ Kapital}.$$

Wie aus Tab. 2.5 zu entnehmen ist, sind die Umsatzrentabilitäten (Gewinn/Umsatz), die Umschlagshäufigkeiten (Umsatz/eingesetztes Kapital) und die Rentabilität für die Maschine 1 am schlechtesten und für die Maschine 3 am günstigsten.

Tab. 2.4 Amortisationsrechnung für drei Alternativen (eigene Darstellung)

Kosten	Maschine 1	Maschine 2	Maschine 3
Abschreibungen	56.000	37.500	44.000
Zinsen (10 % auf 1/2 Anschaffungswert)	10.000	15.000	15.000
Kapitalkosten	66.000	52.500	59.000
Programmieraufwand (Stunden)	200.000	300.000	300.000
Summe Kapitaleinsatz	*266.000*	*352.500*	*359.000*
Restwert	0	0	0
Kapitaleinsatz - Restwert	*266.000*	*352.500*	*359.000*
Umsatz	270.000	550.000	625.000
Summe Gesamtkosten	111.000	113.500	118.000
Abschreibungen	56.000	37.500	44.000
Durchschnittlicher Rückfluss	*215.000*	*474.000*	*551.000*
Amortisationsdauer	*1,24*	*0,74*	*0,65*

Die Umschlagshäufigkeit zeigt an, wieviel Prozent der Investitionskosten pro Jahr zurückfließen. Eine Umschlagshäufigkeit von 0,48 bedeutet, dass nur 48 % der Investitionskosten zurückgeflossen sind. Auch hier gilt es zu bedenken, dass die Maschine 1 am Beginn ihres Lebenszyklus ist und damit noch große Wachstumschancen hat.

Für Rationalisierungsinvestitionen wendet man eine vereinfachte Rechnung an. Die Einsparungen an variablen Kosten durch neue Maschinen sind die Gewinne. Sie werden auf die Kosten der Investition bezogen, so dass sich die Rentabilität wie folgt errechnet:

$$\mathrm{Re}\,ntabilität = \frac{(\mathrm{var}\,iable\ Kosten\ alt - \mathrm{var}\,iable\ Kosten\ neu)}{Kosten\ der\ Investition}.$$

Im vorliegenden Beispiel handelt es sich um die Prüfungen im Rahmen der Qualitätssicherung. Während im bisherigen Fall 160.000,- € Lohnkosten für die Prüfer bezahlt wurden, wurden zwei Prüfgeräte untersucht. Das erste Prüfgerät kostet 220.000,- € und hat jährliche Lohnkosten von 120.000,- €, während das zweite Gerät Anschaffungskosten von 340.000,- € aufweist, aber lediglich Lohnkosten in Höhe von 80.000,- € verursacht. Die Berechnung der Rentabilität zeigt Tab. 2.6. Daraus ist zu ersehen, dass die Alternative 2 trotz hoher Investitionskosten, aber wegen der geringen Lohnkosten eine hohe Rentabilität aufweist.

Vergleicht man die Alternativen durch die verschiedenen Bewertungsmethoden, so ist zu erkennen, dass die Ergebnisse – je nach Methode – unterschiedlich

Tab. 2.5 Rentabilitätsrechnung für drei Alternativen (eigene Darstellung)

Kosten	Maschine 1	Maschine 2	Maschine 3
Anschaffungswert	560.000	300.000	220.000
Lebensdauer	10	8	5
Abschreibungen	56.000	37.500	44.000
Zinsen (10 % auf 1/2 Anschaffungswert)	28.000	15.000	11.000
Kaptialkosten	*84.000*	*52.500*	*55.000*
Programmieraufwand (Mannstunden)	200.000	300.000	300.000
Rüstkosten	10.000	15.000	18.000
Summe Fixkosten	*210.000*	*315.000*	*318.000*
Material- und Hardwarekosten	15.000	12.000	11.000
Fremdkosten für Dienstleistungen	20.000	25.000	30.000
Update-Kosten	28.000	24.000	13.200
Summe Variable Kosten	*63.000*	*61.000*	*54.200*
Summe Gesamtkosten	*357.000*	*428.500*	*427.200*
Marktpreis der NC-Kopplungssoftware	18.000	22.000	25.000
Schätzung der verkauften Stückzahl	15	25	25
Umsatz	*270.000*	*550.000*	*625.000*
Gewinn	*−87.000*	*121.500*	*197.800*
Umsatz-Rentabilität	*−32,22 %*	*22,09 %*	*31,65 %*
Umschlagshäufigkeit	0,48	1,83	2,84
Rentabilität	*−15,54 %*	*40,50 %*	*89,91 %*

sind: Bei der Kostenvergleichsmethode liegt die Maschine 1 an erster Stelle, bei der Gewinnvergleichsmethode, der Methode der Amortisationsrechnung und der Rentabilitätsrechnung die Maschine 3. Das bedeutet, dass allen diese Rechnungen nicht blind vertraut werden kann, sondern lediglich Hinweise für eine unternehmerische Entscheidung bieten. Diese muss vor allem die Zukunftschancen auf den Märkten berücksichtigen.

Tab. 2.6 Rentabilitätsrechnung bei Rationalisierungsinvestitionen (eigene Darstellung)

Investitionskosten	Alter Zustand	Neue Alternative 1	Neue Alternative 2
Kosten der Investition in €	0	220.000	340.000
Variable Kosten in €/Jahr	160.000	120.000	80.000
Rentabilität		18,18 %	23,53 %

Dynamische Verfahren 3

Im Gegensatz zu den statischen Verfahren werden bei den dynamischen die Ein- bzw. Auszahlungen *zeitgenau verzinst*. Dabei unterscheidet man zwischen:

- Aufzinsung
  Mit der Zinseszinsrechnung wird der *zukünftige Wert* eines in der Gegenwart vorhandenen Kapitals ermittelt.
- Abzinsung
  Die Abzinsung ermittelt den *Gegenwartswert* von Ausgaben oder Einnahmen, die in der Zukunft anfallen.

Bei den *dynamischen Methoden* werden die Zahlungen verzinst. Folgende finanzwirtschaftliche Begriffe sind dabei von Bedeutung (Abb. 3.1):

- Barwert, Gegenwartswert oder Kapitalwert
  Eine einmalige Zahlung K_n oder mehrmalige Zahlungen e werden auf den *Gegenwartswert* K_o *abgezinst*.
- *Endwert*
  Eine einmalige Zahlung K_o oder mehrmalige Zahlungen e werden mit Zins und Zinseszins *aufgezinst*.
- Jahreswert oder Annuität
  Die regelmäßigen konstanten Jahresbeiträge dienen zur Bezahlung des Zinses und der Tilgung einer Schuld.

© Springer Fachmedien Wiesbaden 2014   13
E. Hering, *Investitions- und Wirtschaftlichkeitsrechnung für Ingenieure*, essentials,
DOI 10.1007/978-3-658-07255-1_3

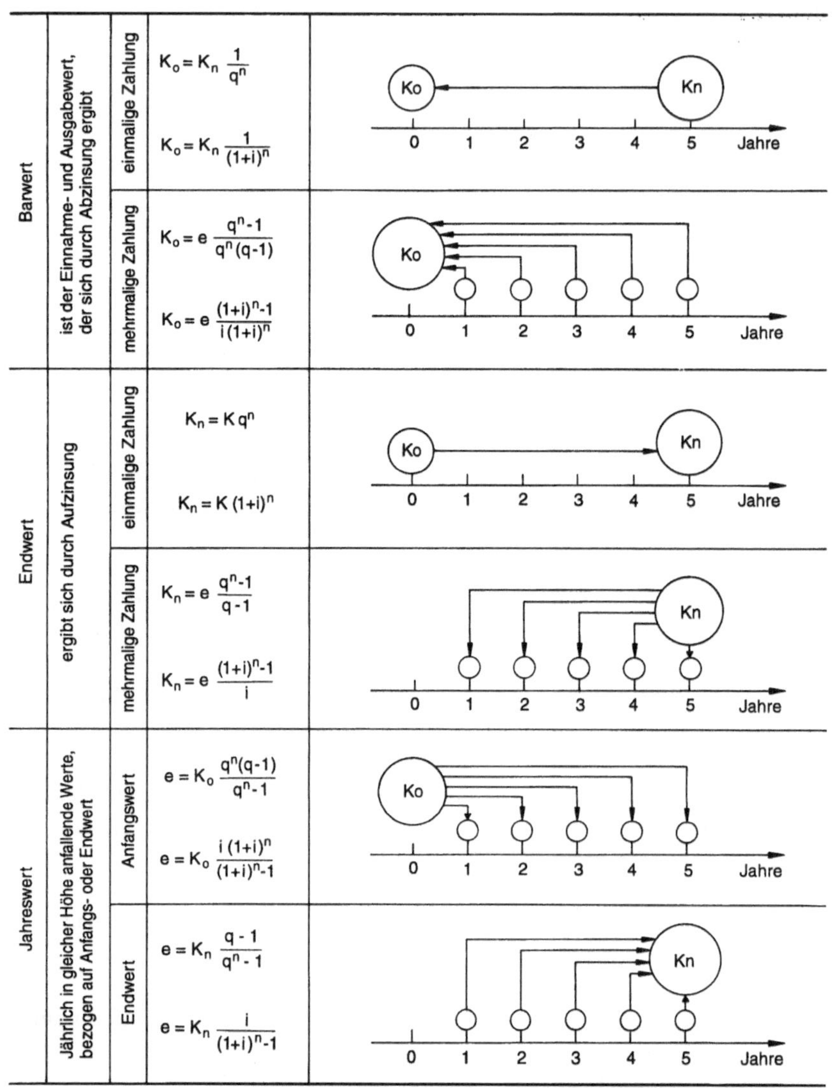

Abb. 3.1 Begriffe der Investitionsrechnung. (Hering und Draeger 2000)

3.1 Kapitalwertmethode

Durch eine Investition werden *Einzahlungen* und *Auszahlungen* verursacht (*Zahlungsströme*), die zu *unterschiedlichen Zeitpunkten* anfallen. Zu diesem Zweck werden für die Rückflüsse in den verschiedenen Zeitabständen ihre Barwerte errechnet. Die Summe aller dieser Barwerte ist der *Kapitalwert*. Es gilt folgender Zusammenhang:

$$K_o = \frac{e_1 - a_1}{q} + \frac{e_2 - a_2}{q^2} + \frac{e_3 - a_3}{q^3} + \frac{L}{q^n} - a_0.$$

$$K_0 = \sum_{i=0}^{n} (e_i - a_i)q^{-i}.$$

Für die Variablen gilt:

e: Einnahmen in den Nutzungsjahren
q: Aufzinsungsfaktor
a: Ausgaben in den Nutzungsjahren
a_0:   Anschaffungswert
L: Liquidationserlös

Die Formeln berücksichtigen die Tatsache, dass Einnahmen umso wertvoller sind, je früher sie eintreffen und Ausgaben umso weniger wirksam sind, je später sie anfallen.

Festzuhalten ist:

- In die Ausgaben gehen die gesamten Betriebsausgaben für die Investition ein, also außer den Kaufzahlungen und Einbaukosten für das Investitionsobjekt beispielsweise auch die Materialkosten und die Löhne für Instandhaltung und Reparaturen.
- In den Einnahmen werden auch der voraussichtlichen Verkaufserlöse berücksichtigt.
- Der Kapitalwert nimmt mit steigenden Zinssätzen ab und mit fallenden Zinssätzen zu.

Tabelle 3.1 zeigt die Folgerungen für die Investitionsentscheidung aus der Kapitalwertmethode.

Tab. 3.1 Kapitalwert zur Beurteilung von Investitionen

Kapitalwert	Aussage
positiv $K_0 > 0$ Investition vorteilhaft	Investition erwirtschaftet nicht nur die Kosten der Gesamtinvestition einschließlich der Kapitalverzinsung, sondern auch einen Investitionsgewinn
$K_0 = 0$	Investition erwirtschaftet gerade die Kosten der Gesamtinvestition einschließlich der Kapitalverzinsung
negativ $K_0 < 0$ Investition unvorteilhaft	Investition erwirtschaftet nicht die Kosten der Gesamtinvestition einschließlich der Kapitalverzinsung Es entsteht ein Investitionsverlust

In Tab. 3.2 wird eine dynamische Investitionsrechnung durchgeführt. Es wird mit einem jährlichen Zinsfuß von 12 % gerechnet, oder einem Zinssatz pro Quartal in Höhe von 3 %. In einem Software-Unternehmen wird für die Entwicklung von NC-Kopplungssoftware im 4. Quartal des laufenden Jahres (Jahr 0) eine Entwicklungsmaschine zum Preis von 120.000,- € gekauft. Zusätzlich zum Kaufpreis entstehen noch Umbau- und Mobiliarkosten in Höhe von 40.000,- €. Somit ergeben sich Ausgaben im 4. Quartal 0 in Höhe von 160.000,- €. Diesen stehen noch keine Einnahmen gegenüber.

Zur Entwicklung der NC-Kopplungssoftware arbeiten im ersten Quartal zwei Entwickler. Deren Lohnkosten betragen 35.000,- € im ersten Quartal 01. Im zweiten Quartal ist nur ein Entwickler tätig. Weitere Kosten enstehen durch den Aufbau der Marke und die Tätigkeit der Vertriebsbeauftragten. Insgesamt entehen im 2. Quartal Kosten in Höhe von 90.000,- €. Im dritten Quartal liegen die Ausgaben bei 60.000,- €. Durch erhöhte Verkaufsanstrengungen treten im 4. Quartal Ausgaben in Höhe von 120.000,- € auf.

Die Software hat einen Paketpreis von 12.000,- €. Im zweiten Quartal werden 10 Pakete verkauft. Dadurch entstehen Einnahmen in Höhe von 120.000,- €. Im dritten Quartal werden 15 Stück (180.000,- € Einnahmen) und im vierten Quartal 20 Stück (240.000,- € Einnahmen) verkauft. Die entsprechenden Rückflüsse und der Kapitalwert sind in Tab. 3.2 zu sehen.

Der Kapitalwert beträgt 50.730,- €. Das bedeutet: Die Investition hat die Kosten der Investition einschließlich der Kapitalverzinsung innerhalb eines Jahres erwirtschaftet und dazu noch einen Gewinn von 50.730,- €. Die Investition hat sich also gelohnt.

Zusätzlich werden noch die Kennzahlen „interner Zinsfuß" und „Annuität" berechnet, die in den nächsten Abschnitten ausführlich erklärt werden.

Tab. 3.2 Ergebnisse der Kapitalwertmethode zur Beurteilung von Investitionen (eigene Darstellung)

Kalkulationszinssatz pro Jahr:		12%			
Kalkulationszinssatz pro Quartal:		3%			
Zahlungsströme in tausend Euro	4. Quartal 0	1.Quartal 01	2. Quartal 01	3. Quartal 01	4. Quartal 01
Investitionskosten	120				
Einnahmen E		0	120	180	240
Ausgaben A	40	35	90	60	120
Rückfluß (E-A)	-160	-35	30	120	120
Kapitalwert:	50,73				
Interner Zinsfuß:	10,93%				
Annuität:	$-34,94$				

3.2 Interner Zinsfuß

Der *interne Zinsfuß* ist der Zinssatz, mit dem die *Kapitalströme* (Einzahlungs- und Auszahlungsreihen) eines Investitionsobjektes verzinst werden. Er entspricht damit der *Effektivrendite* der Investition vor Abzug der Zinszahlungen. Der interne Zinsfuß errechnet sich aus dem Zinssatz für den *Kapitalwert* K_0 *gleich null*.

Ein Investitionsobjekt ist dann vorteilhaft, wenn der interne Zinsfuß größer oder zumindest gleich groß ist wie der kalkulatorische Zins (z. B. der Zinssatz für langfristig angelegtes Kapital). Alternative Investitionen sind umso vorteilhafter, je größer der interne Zinsfuß ist. Berechnet wird der interne Zinsfuß mit finanzmathematischen Methoden für die Bedingung $K_0 = 0$.

$$K_0 = \sum_{i=0}^{n} (e_i - a_i) q^{-i} = 0.$$

Dazu muss der Zinsfaktor q solange verändert werden, bis der Kapitalwert null wird.

Näherungsweise kann der interne Zinsfuß folgendermaßen ermittelt werden:

Man ermittelt zwei Zinssätze i_1 bzw. i_2 so, dass die zugehörigen Kapitalwerte K_{01} bzw. K_{02} negativ bzw. positiv sind. Mit folgender *linearen Interpolationsmethode* wird der interne Zinssatz errechnet:

$$r = i_1 - K_{o1} \frac{i_2 - i_1}{K_{02} - K_{01}}.$$

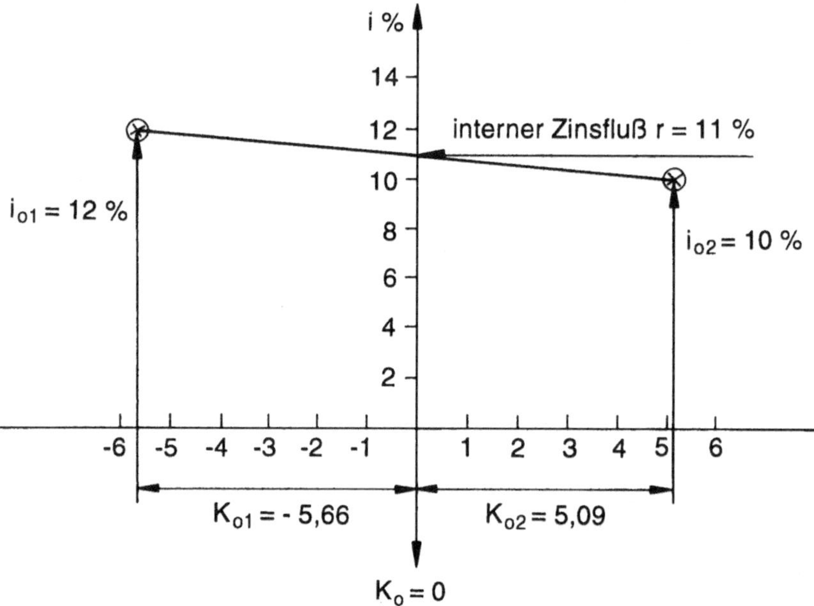

Abb. 3.2 Ermittlung des internen Zinsfußes durch lineare Interpolation. (Hering und Draeger 2000)

Abbildung 3.2 zeigt diese Vorgehen an obigem Beispiel. Wie die genaue Rechnung in Tab. 3.3 zeigt, beträgt der interne Zinsfuß für das obige Beispiel 10,93 %.

In Tab. 3.3 ist der interne Zinsfuß für drei verschiedene Investitionsalternativen dargestellt. Im dritten Fall sind die Kosten für die Entwicklung der NC-Kopplungssoftware fast doppelt so teuer (200.000,- €). Durch die komfortablere Entwicklungsumgebung können Personalkosten gespart werden. Bei gleichen Umsätzen steigt der interne Zinsfuß auf 12,09 %. Deshalb ist diese Alternative zu wählen.

3.3 Annuitätenmethode

In der Annuitätenmethode werden die *regelmäßigen Jahreszahlungen* (Annuitäten) des Investitionsobjektes berechnet. Die Annuitäten sind also die über die Zinseszinsrechnung auf einen *konstanten Wert* gebrachten jährlichen Zahlungsdifferenzen aus Ein- und Auszahlungen für die Dauer der Investition.

Tab. 3.3 Interner Zinsfuß für drei Investitionsobjekte (eigene Darstellung)

Investitionsobjekt 1

	InvestitionskostenT€	Einnahmen E T€	Ausgaben A T€	Rückfluss T€(E-A)	Interner Zinsfuß
4. Quartal 0	120		40	-160	
1. Quartal 01		0	35	-35	
2. Quartal 01		120	90	30	10,93 %
3. Quartal 01		180	60	120	
4. Quartal 01		240	120	120	

Investitionsobjekt 2

4. Quartal 0	160		50	-210	
1. Quartal 01		0	40	-40	
2. Quartal 01		160	90	70	7,47 %
3. Quartal 01		180	60	120	
4. Quartal 01		240	120	120	

Investitionsobjekt 3

4. Quartal 0	200		20	-220	
1. Quartal 01		0	25	-25	
2. Quartal 01		120	50	70	12,09 %
3. Quartal 01		180	60	120	
4. Quartal 01		240	80	160	

Von mehreren Investitionsobjekten ist das am vorteilhaftesten, das den *größten positiven jährlichen Rückfluss* (Annuität) besitzt.

Das Annuitätenverfahren ist eine Variante der Kapitalwertmethode. Kapitalwert K_0 und Annuität A stehen in folgendem Zusammenhang:

$$Annuität = K_0 * Kapitalwiedergewinnungsfaktor$$

$$Annuität = K_0 * \frac{q^n(q-1)}{q^n-1}.$$

Tabelle 3.4 zeigt die Annuitäten der verschiedenen Investitionsobjekte. Dabei ist zu erkennen, dass bei allen drei Alternativen die Annuitäten negativ sind. Die zweite Investition ist die günstigste. Doch auch dort muss bei einem Kalkulationszinsfuß von 12 % pro Jahr und dem positiven Kapitalwert von 32,60 mit einem durchschnittlichen Verlust pro Quartal in Höhe von 9040,- € gerechnet werden. Dabei ist zu berücksichtigen, dass der Quartalsverlust auf den Investitionszeitpunkt bezogen ist und alle Rückflüsse sofort zum Kalkulationszinsfuß angelegt werden.

Tab. 3.4 Annuität für drei Investitionsobjekte (eigene Darstellung)

	Investitionskosten T€	Einnahmen E T€	Ausgaben A T€	Rückfluss T€ (E-A)	Kapitalwert T€	Annuität T€
Investitionsobjekt 1						
	Kalkulationszinssatz pro Quartal		3%			
	Kalkulationszinssatz pro Jahr		12%			
4. Quartal 0	120		40	−160		
1. Quartal 01		0	35	−35		
2. Quartal 01		120	90	30	*49,26*	*−13,66*
3. Quartal 01		180	60	120		
4. Quartal 01		240	120	120		
Investitionsobjekt 2						
	Kalkulationszinssatz		3%			
	Kalkulationszinssatz pro Jahr		12%			
4. Quartal 0	160		50	−210		
1. Quartal 01		0	40	−40		
2. Quartal 01		160	90	70	32,60	*−9,04*
3. Quartal 01		180	60	120		
4. Quartal 01		240	120	120		
Investitionsobjekt 3						
	Kalkulationszinssatz pro Quartal		3%			
	Kalkulationszinssatz pro Jahr		12%			
4. Quartal 0	200		20	−220		
1. Quartal 01		0	25	−25		
2. Quartal 01		120	50	70	71,54	*−19,85*
3. Quartal 01		180	60	120		
4. Quartal 01		240	80	160		

Spezielle Verfahren 4

Die enge Verflechtung von *Investitionen, Absatzchancen* und *Finanzen* erfordert manchmal sehr umfangreiche Zusatzrechnungen. In ihnen werden vor allem *Risikoeinschätzungen* vorgenommen und die *kritischen Parameter* (z. B. neue Technologien, neue Wettbewerbskonstellationen, veränderte Marktsituationen, Umweltverordnungen oder Wandel der Kundenbedürfnisse) bestimmt, die den Erfolg der Investition maßgeblich beeinflussen. Werden in einer *Sensitivitätsanalyse* diese Parameter bewusst verändert, dann sieht man die Auswirkungen der Investition im *besten* und im *schlechtesten Falle*. In diesem Falle sind nicht mehr genaue Zahlen entscheidend, sondern es werden *Spielräume* erkennbar, innerhalb derer sich der Erfolg der Investition bewegen wird.

© Springer Fachmedien Wiesbaden 2014   21
E. Hering, *Investitions- und Wirtschaftlichkeitsrechnung für Ingenieure*, essentials,
DOI 10.1007/978-3-658-07255-1_4

- Entscheidungshilfen zur Beurteilung vorteilhafter Investitionen.
- Berechnungsmethoden zur Bewertung der Investitionsalternativen durch statische und dynamische Verfahren.
- Ausführliche Berechnungen und Beispiele der statischen Methoden: Kosten- Gewinn- und Rentabilitätsvergleich.
- Bewertung des Risikos durch eine Amortisationsrechnung.
- Azusführliche Berechnungen und Beispiele der dynamischen Bewertungsmethoden unter Berücksichtigung der anfallenden Zahlungsströme und deren Verzinsung.

© Springer Fachmedien Wiesbaden 2014   23
E. Hering, *Investitions- und Wirtschaftlichkeitsrechnung für Ingenieure*, essentials,
DOI 10.1007/978-3-658-07255-1

Literatur

Götze, U.: Investitionsrechnung: Modelle und Analysen zur Beurteilung von Investitionsvorhaben, 6. Aufl. Springer, Heidelberg (2008)

Hering, E., Draeger, W.: Handbuch Betriebswirtschaft für Ingenieure, 3. Aufl. Springer, Heidelberg, (2000)

Hering, E.: Investions- und Wirtschaftlichkeitsrechnung für Ingenieure. Springer, Wiesbaden (2014)

Hering, E.: Controlling für Ingenieure. Springer, Wiesbaden (2014)

Kesten, R.: Investitionsrechnung in Fällen und Lösungen: Fragen, Aufgaben, Lösungen. NBW, Herne (2010)

Kruschwitz, L.: Investitionsrechnung, 13. Aufl. Oldenbourg, München (2011)

Poggensee, K.: Investitionsrechnung: Grundlagen – Aufgaben – Lösungen, 2. Aufl. Gabler, Wiesbaden (2011)

© Springer Fachmedien Wiesbaden 2014

E. Hering, *Investitions- und Wirtschaftlichkeitsrechnung für Ingenieure*, essentials, DOI 10.1007/978-3-658-07255-1